ATLAS

DU

TRAITÉ THÉORIQUE ET PRATIQUE D'ARBORICULTURE,

NOUVELLE THÉORIE,

PAR

J.-L. PRÉCLAIRE,

Membre et lauréat de la Société d'Émulation des Vosges,
Membre de la Société d'arboriculture,
Délégué cantonal pour l'instruction primaire,
Ancien professeur de dessin industriel.

PARIS,

LIBRAIRIE AGRICOLE DE LA MAISON RUSTIQUE,
26, rue Jacob.

1864.

LÉGENDE DE L'ATLAS.

PLANCHE Ire.

CIRCULATION DE LA SÈVE.

Pages.

Fig. 1re. Cotylédons. 5
2 et 2bis. Fibres ligneuses, rayons médullaires. 10 et 26
3. Section d'un tronc d'arbre coupé en pleine sève. 12
4. Incision annulaire. de 13 à 19
5. Incision annulaire refermée. 15 et 19
6. Entailles qui coupent toutes les fibres du bois. 15
7. Figure servant à démontrer la circulation de la sève. Chap. III et IV. 11 et 20
8. Accumulation de sève descendante par suite de greffe. 20
9. Hélice. 19
10. Intérieur du bouton terminal d'un rameau. 31
11. Bifurcation. 33
12. Rudiments des feuilles. 31
13. Accumulation de sève descendante par suite d'un chancre. 20
14. Exemple du changement de direction des courants de sève. 61

PLANCHE II.

CROISSANCE. — FRUCTIFICATION.

Fig. 1re. Pivot d'une branche. 33
2 et 3. Bifurcations. 34
4 et 5. Cicatrisation des plaies. 19, 35 et 36
6 et 7. Cloison qui, dans la vigne, interrompt le canal direct de la moëlle. 31 et 51
8. Développement d'un œil qui était resté latent. 32
9. Croissance de bourgeons non précédés d'œils latents. 37
10, 11, 12, 13 et 14. Divers effets du pincement. Chapitre VI. 38
15. Bourgeons sortis d'œils stipulaires. 32
16. Bifurcation et croissance du canal médullaire de ces mêmes bourgeons. 32
17, 18 et 19. Déplacement de la végétation et de la fructification par suite de la taille. 44 et 45
20 et 21. Éléments de la fructification. 47 et 49

PLANCHE III.

FRUCTIFICATION. — FORMATION DES RACINES.

Pages.

Fig 1 et 2. Bourgeons-nourriciers. 48

3 et 4. Boutons à fruit de poirier. 50

5. Ramification du canal médullaire d'une branche à fruit de pommier. »

6. Dard de groseiller. »

7 et 8. Parties de bourse qui portent le fruit. 51

9. Drageon du sorbier des oiseleurs. 58

10. Rameau de saule plongé dans l'eau et produisant des racines. 56

11. Marcotte du troëne. 57

12. Branche de vigne marcottée. 58

13 et 14. Drageons. »

PLANCHE IV.

BIFURCATION DES RACINES. — GREFFES.

Fig. 1 et 2. Boutures de vigne. 20

3, 4, 5, 6, 7 et 8. Bifurcations de racines. 59

9. Phénomène de végétation. »

10, 11, 12 et 13. Greffe en fente. 75

14 et 15. Greffe en écusson. 77

16, 17, 18 et 19. Greffe en approche. Transfusion 79

PLANCHE V.

ÉLÉMENTS DE LA FORME.

Fig 1, 2 et 3. Éléments de la forme. 83

4, 5, 6 et 7. Sous-éléments de la forme. 84

8. Palissage de l'élément, fig. 1re. »

9, 10 et 11. Idem fig. 2. »

12. Idem fig. 3. »

13. Palissage du sous-élément, fig. 4. »

14. Idem fig. 5. »

15. Idem fig. 6. »

16. Idem fig. 7. »

17. Autre palissage du sous-élément, fig. 5. »

18. Autre palissage de l'élément, fig. 1re. »

19. Sujet d'un an de greffe propre à créer les différentes formes. 85

20. Palmette à branches horizontales. »

PLANCHE VI.

ESPALIERS.

Fig. 21. Palmette à branches obliques. 87
22 et 23. Palmettes doubles. 87 et 88
24. Espalier à branches verticales. 90
25, 26 et 27. Formes régulières, mais bizarres. 89

PLANCHE VII.

Fig. 28, 29, 30 et 31. Différents projets d'espaliers à branches verticales. 90

PLANCHE VIII.

QUENOUILLES ET CONTRE-ESPALIERS.

Fig. 1re. Sujet d'un an de greffe. Première taille. 92
2. Même sujet pour quenouille ou fuseau. Seconde taille. »
3. Quenouille régulière, 3e année. 93
4. Quenouille étagée. »
5. Plan horizontal d'une quenouille ou d'un fuseau. »
6. Forme en vase. 94
7. Fuseau à la Chopin. 93
8. Cordons. 94
9. Treille à la Thomery. »

PLANCHE IX.

CARACTÈRES DES DIFFÉRENTES VÉGÉTATIONS LATÉRALES DU POIRIER ET DU POMMIER.

Pour abréger le texte, j'ai désigné par une lettre particulière chaque espèce de végétation, et par un signe conventionnel chacune des différentes opérations. Ces lettres et ces signes sont communs aux planches IX, X, XI et XII.

Fig. 1re. Bourgeon ou rameau à bois, A ou *a* 138
2. Brindille naturelle, B *b* 141
3. Brindille accidentelle, B' *b'* 144
4. Autre brindille accidentelle, B' *b'* »
5. Brindille courte, B'' *b''* 143
6. Bouton à fruit de 1re année, C *c* 143
7. Dard de première année, C' *c'* »
8. Vieux dard, C'' *c''* »

				Pages.
9.	Lambourde ou cornes,	D	*d*	146
10.	Cassement complet,	^		127
11.	Cassement incomplet,	⌐		»
	Pincement (V. fig. 1, 2. 3 et 4),	⌒		126
	Taille d'hiver,	—		124
	Feuille stipulaire (fig. 3),	*e*		

PLANCHE X.

TRAITEMENT DU RAMEAU A BOIS ET DE LA BRINDILLE.

En ce qui concerne le rameau à bois, les praticiens modernes ne sont en désaccord que sur la première taille : généralement ils la font de 2 millim. à 4 cent. au-dessus de l'insertion; quelques-uns vont jusqu'à 10 cent. Pour la brindille, la taille des modernes varie de 8 à 16 centim.

Fig. 1 et 2. Taille à l'épaisseur d'un écu. Parag. 84, 85 et 86
3. Taille en courson, 1re année. 87
4. — 2e année. 88
5. — 3e année. 89
6 et 9. Autres tailles du courson à sa 3e année. 90 et 91
7. Taille courte, ou au-dessus de l'insertion. 46 et 90
8. Taille à l'insertion. »
10 et 11. Taille de vieux coursons très-ramifiés. 92 et 93
12. Taille d'une brindille de 1re année. Parag. 97
13. — 2e année. »
14. Taille d'une brindille dont le sommet a donné un bourgeon vigoureux. 98
15, 16, 17, 18 et 19. Autre traitement de la brindille et du rameau à bois. 37, 38, 40 et 41
20, 21 et 22. Application sur des rameaux qui n'ont été ni pincés ni cassés de la taille représentée par les figures précédentes 39, 42 et 143

Nota. Les brindilles que l'on veut conserver sur les coursons, doivent être traitées comme celles qui poussent sur la branche-mère.

PLANCHE XI.

TAILLE DES VÉGÉTATIONS FRUITIÈRES.

Fig. 1, 2, 3 et 4. Traitement de la brindille qui a porté des fruits ou des fleurs. 99
5. Végétation sur un vieux dard soumis à la taille. 103
6. Branche à fruit : *c* bouton, *d* lambourde ou bourgeon-nourricier.
7, 8, 9 et 10. Taille des bourses et des lambourdes. De 116 à 121

Parag.
11 et 12. Taille de la brindille milliaire. 124
13. Taille de la végétation latérale sur un sujet faible. 139
14. Vieux dard stérile. 105

PLANCHE XII.

TRAITEMENT DE LA VÉGÉTATION LATÉRALE.

Fig. 1re. Rameau d'élongation d'une branche charpentière. 126 et 127
2. Branche charpentière, 1re année de la végétation latérale. 128 et 129
3. Même branche, après la 1re taille des végétations latérales. 129
4. Deuxième année de la végétation latérale. 130, 131 et 132
5. La branche après la 2e taille latérale. 132
6. Troisième année de la végétation latérale. 133, 134 et 135

PLANCHE XIII.

TAILLE DU PÊCHER.

Fig 1. Bourgeon anticipé. 150
2. Bourgeon à bois. 151
3. Rameau à bois, ou brindille, 1re année (1). 151 et 152
4 et 5. Bourgeon de remplacement, 2e année du courson. 153 et suiv.
6. Le courson fig. 3 et 4 à sa 3e année. 153
7. — 4e année. »
8. Bouquet de mai ou cochonnet. 151
9. Branche charpentière du pêcher après la taille. 158

PLANCHE XIV.

TAILLE DE L'ABRICOTIER, DU CERISIER, DU PRUNIER ET DU GROSEILLER.

Fig. 1. Végétation latérale de l'abricotier : A B A E bourgeons à bois, A C brindilles. 163 et 165
2. Courson de l'abricotier. 164
3. Même courson, avec une année et une taille de plus. Parag. 164
4. Bouquet de mai, ou dard de l'abricotier. 163
5. Végétations latérales du cerisier : A jeune rameau à bois; B même rameau à sa seconde année; C courson; D D D cochonnets. 170

(1) ERRATA. A la 3 ligne du paragraphe 152 les mots *au mois de juin* doivent être remplacés par *immédiatement*.

Parag.

6. Rameau A et B de la fig. précédente, 3ᵉ année. »
7. Végétation latérale et fruitière du prunier. 171
8. Taille du rameau à bois des groseillers. 186

PLANCHE XV.

TAILLE DE LA VIGNE CULTIVÉE EN TREILLE.

Fig. 1ʳᵉ. Fragment de rameau : *a* bouton à fruit, *b* sous-œil, *d* faux-bourgeon. 175
2. Même fragment, avec une année de plus : *d e* bourgeon sorti de l'œil, *a* fig 1ʳᵉ, *b c* sous-bourgeon sorti du sous-œil *b*. »
3. Même fragment parvenu à la maturité, 1ʳᵉ taille d'hiver. 179 et 180
4. Le même fragment à la 2ᵉ année du courson, 2ᵉ taille d'hiver. 180 et 181
5. Application du pincement sur le rameau *d e* fig. 2. 177 et 182
6. Crossette préparée pour la plantation. (Voir aussi les fig. 1 et 2 de la planche IV.) 174
7. Plantation de la crossette enracinée. »

ATLAS DU TRAITÉ
THÉORIQUE ET PRATIQUE
D'ARBORI CULTURE

PAR J. L. PRECLAIRE

Membre et Lauréat de la société d'Émulation du département des Vosges.

Membre de la société d'Arboriculture, Délégué cantonal [illegible]

& ancien professeur de dessin industriel

Imp [illegible]

PL. I

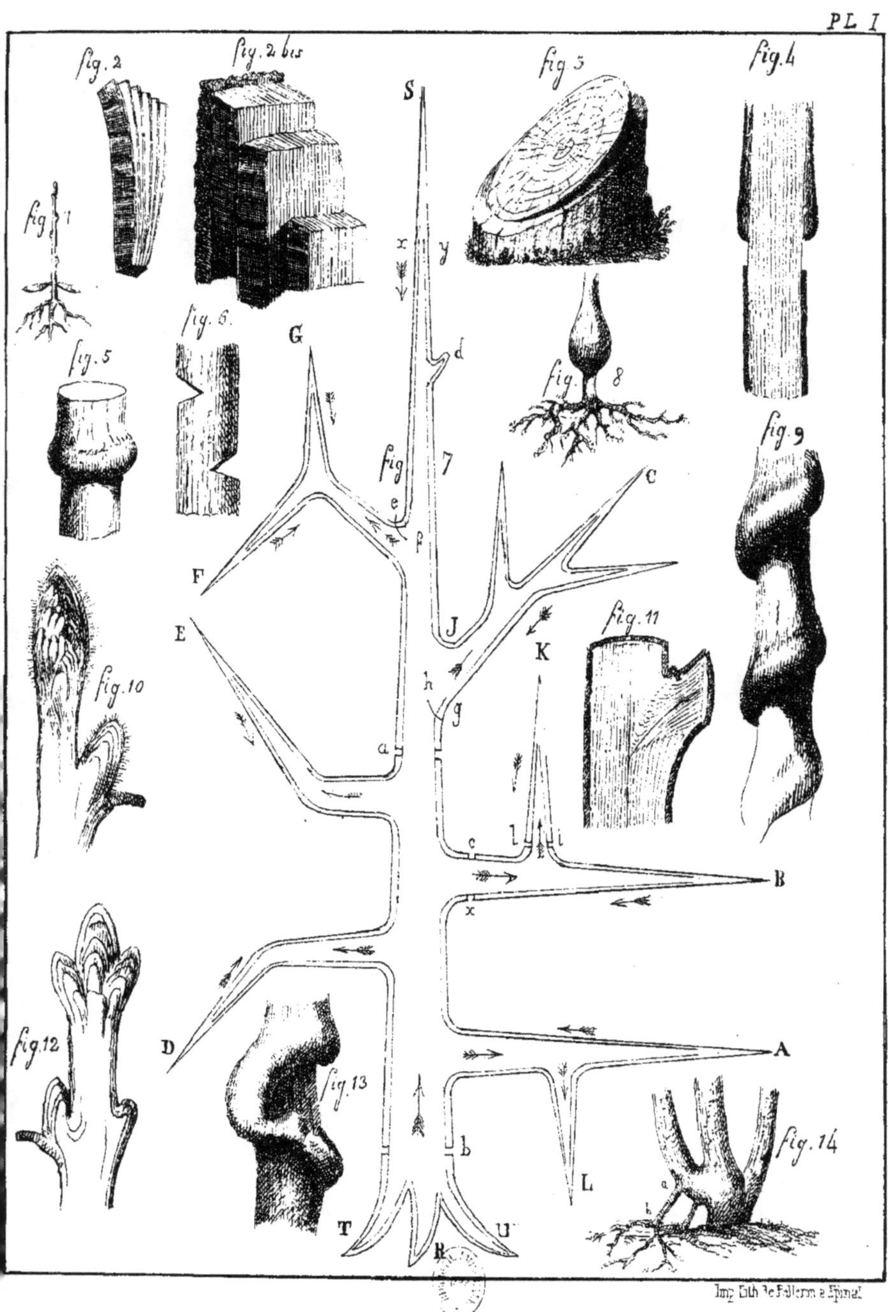

Imp. lith. de Pellerin à Epinal

PL II

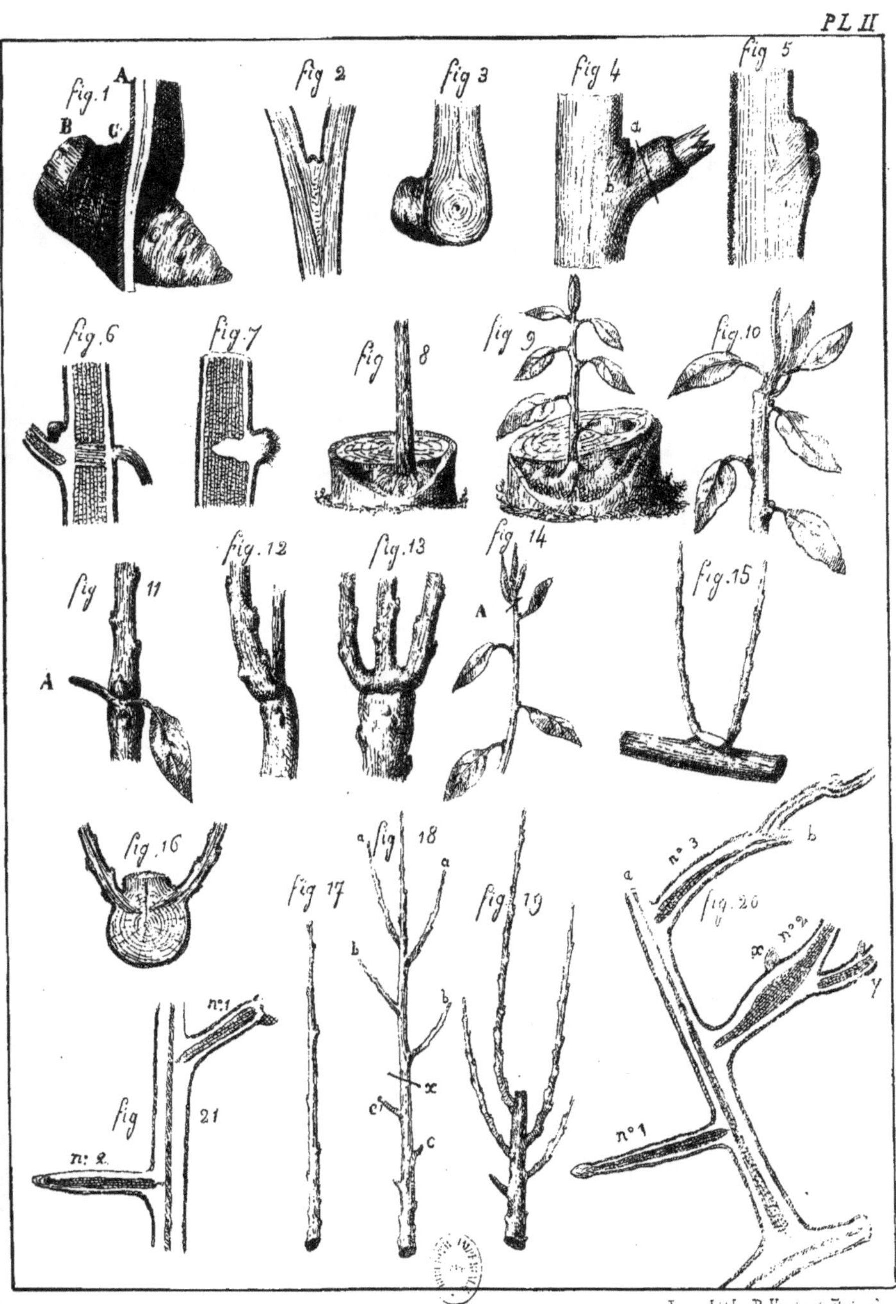

Imp. Lith. Pellerin à Epinal.

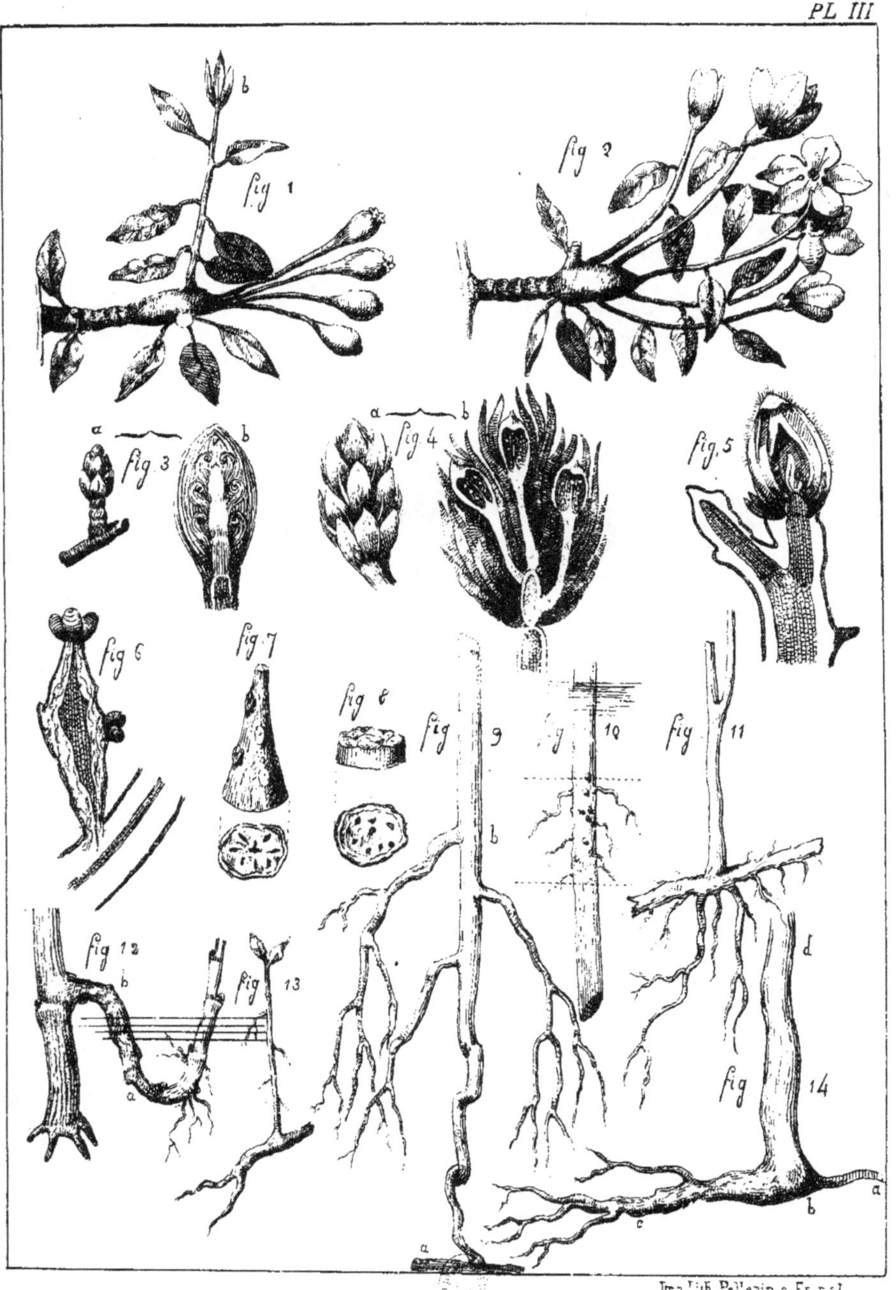

Imp Lith Pellerin a Epinal

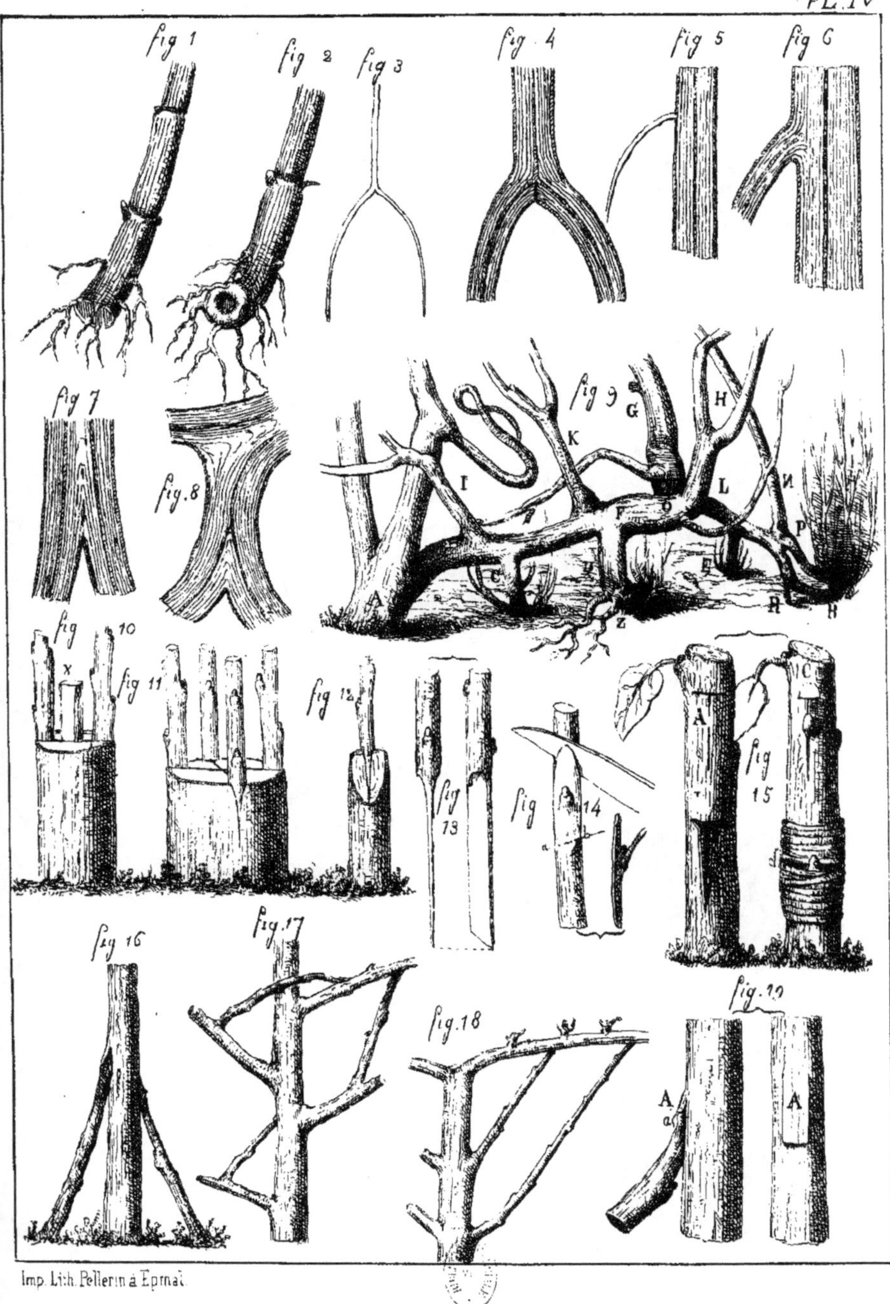

Imp. Lith. Pellerin à Epinal

PL. V

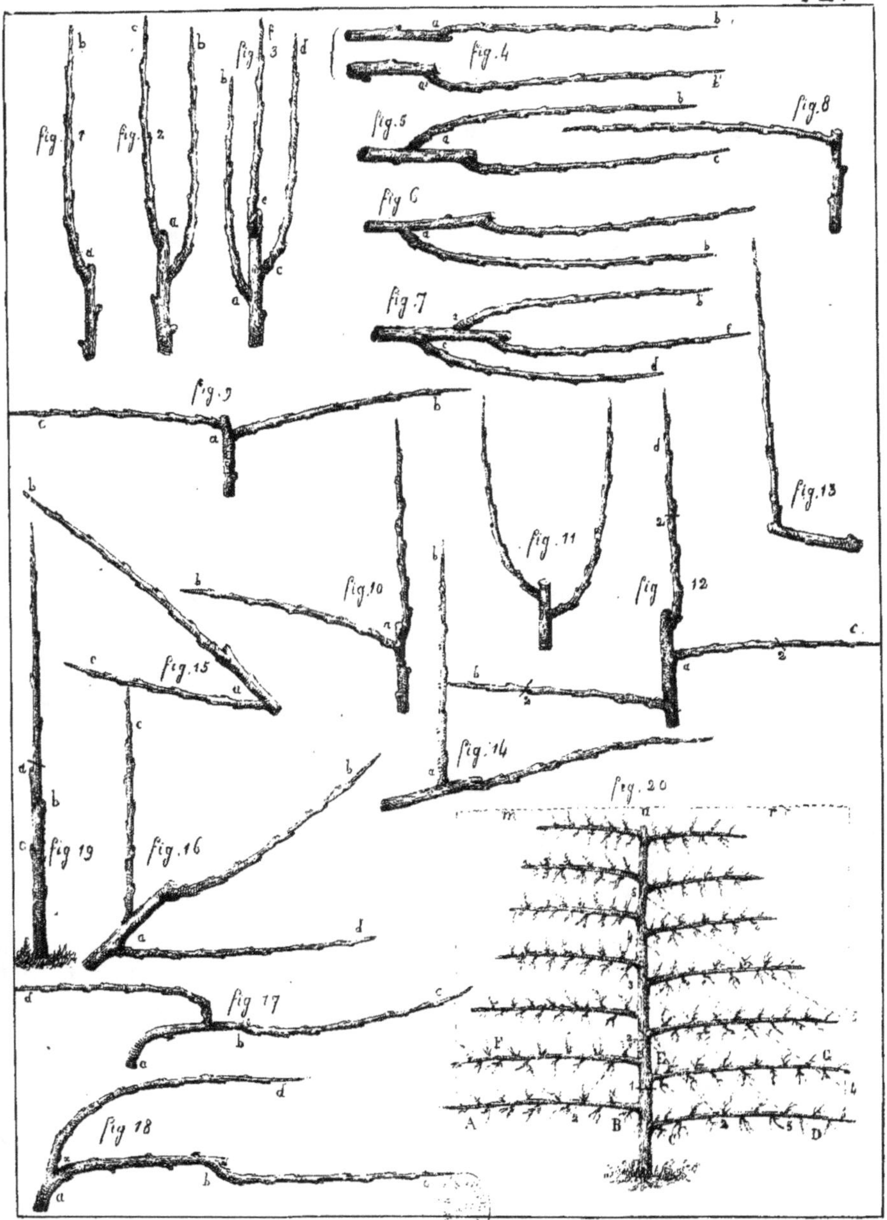

Imp. Lith. de Pellerin à Epinal

PL. VI

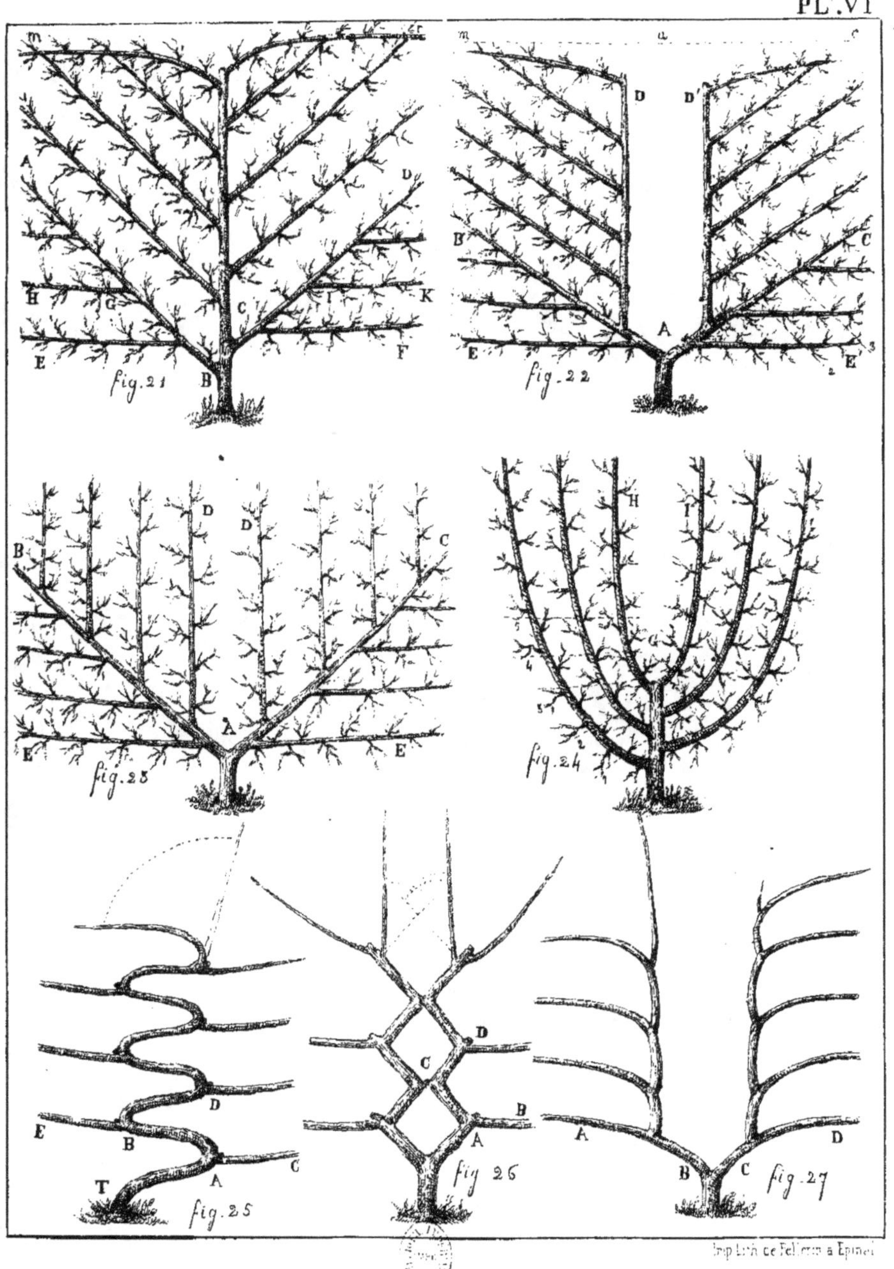

Imp. Lith. de Pellerin à Epinal

PL. VII

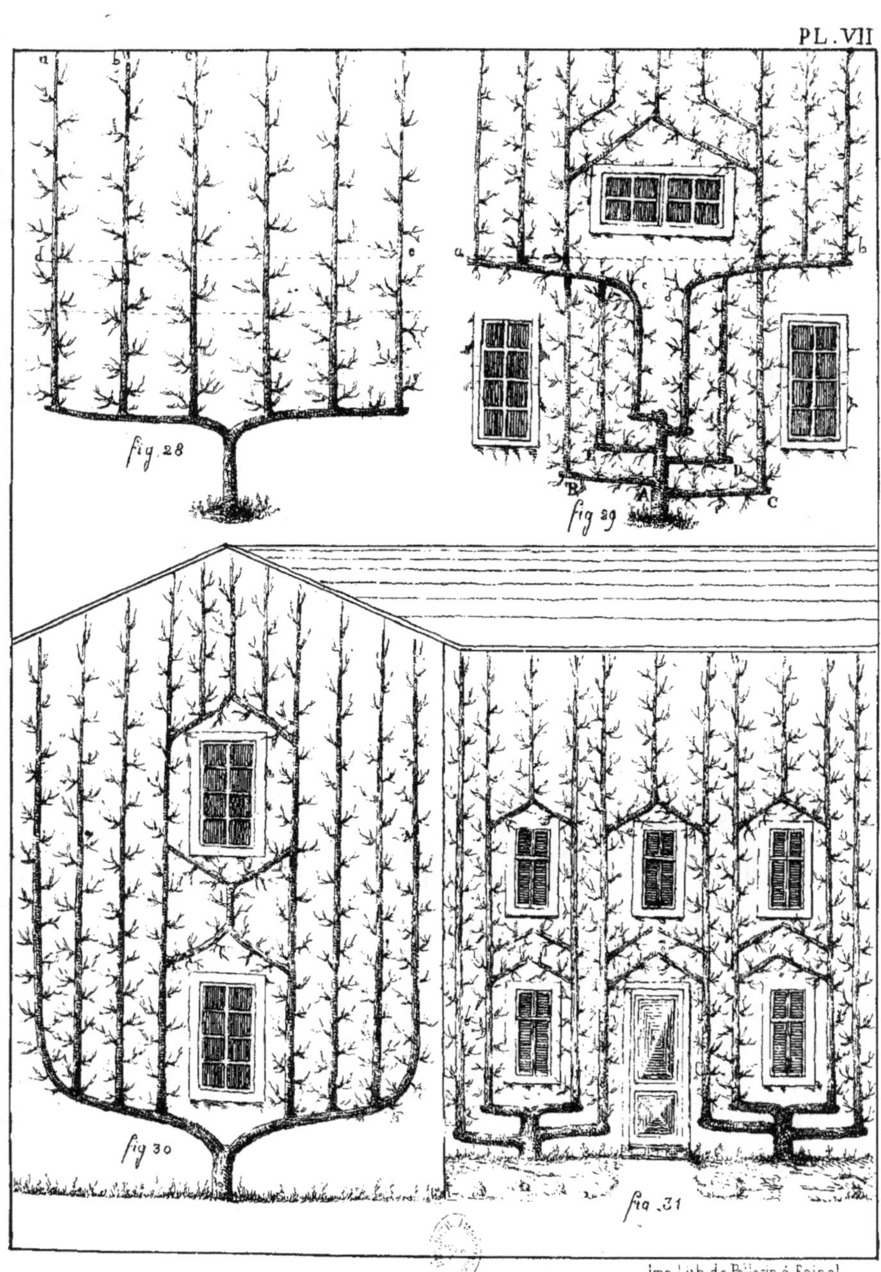

Imp. Lith. de Pellerin à Epinal.

PL. VIII

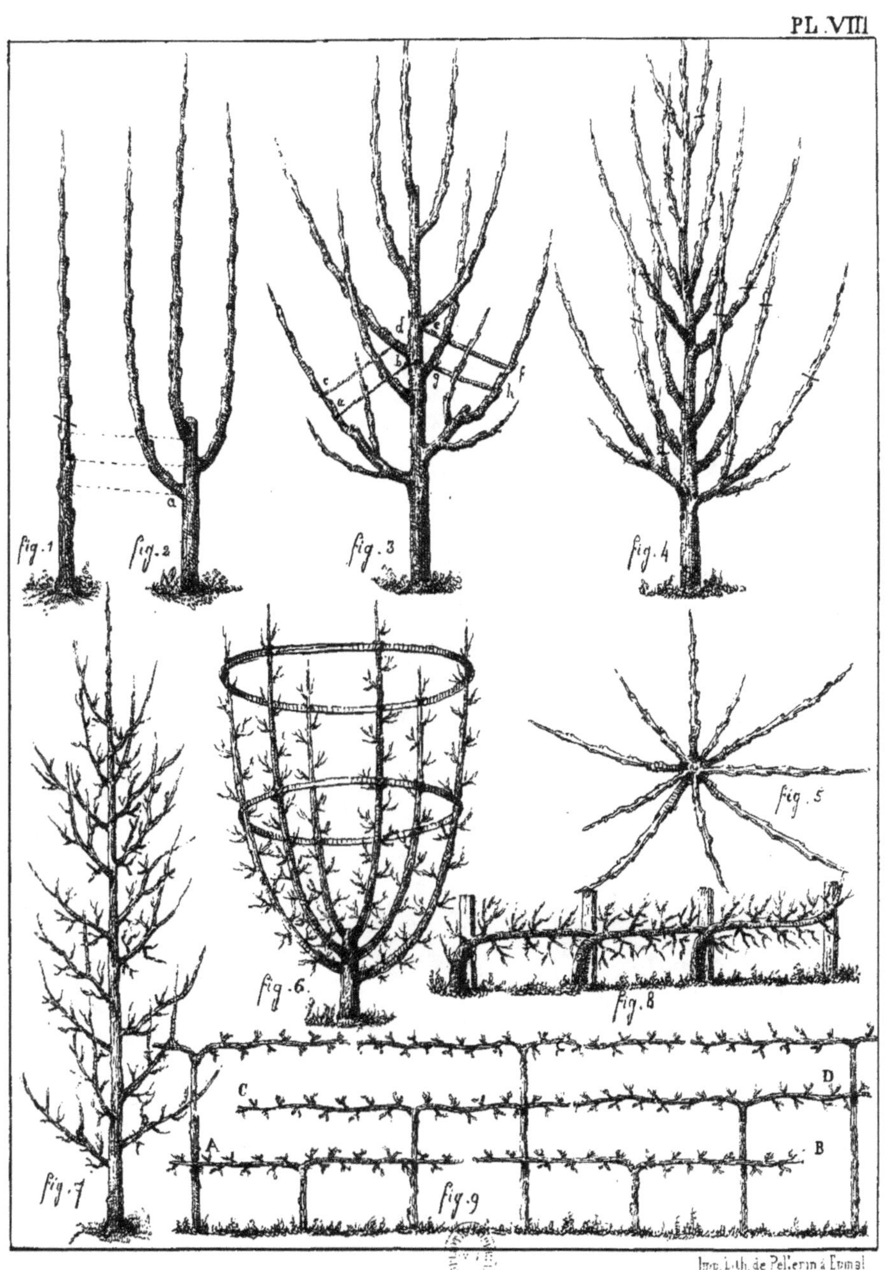

Imp. Lith. de Pellerin à Epinal

PL. IX

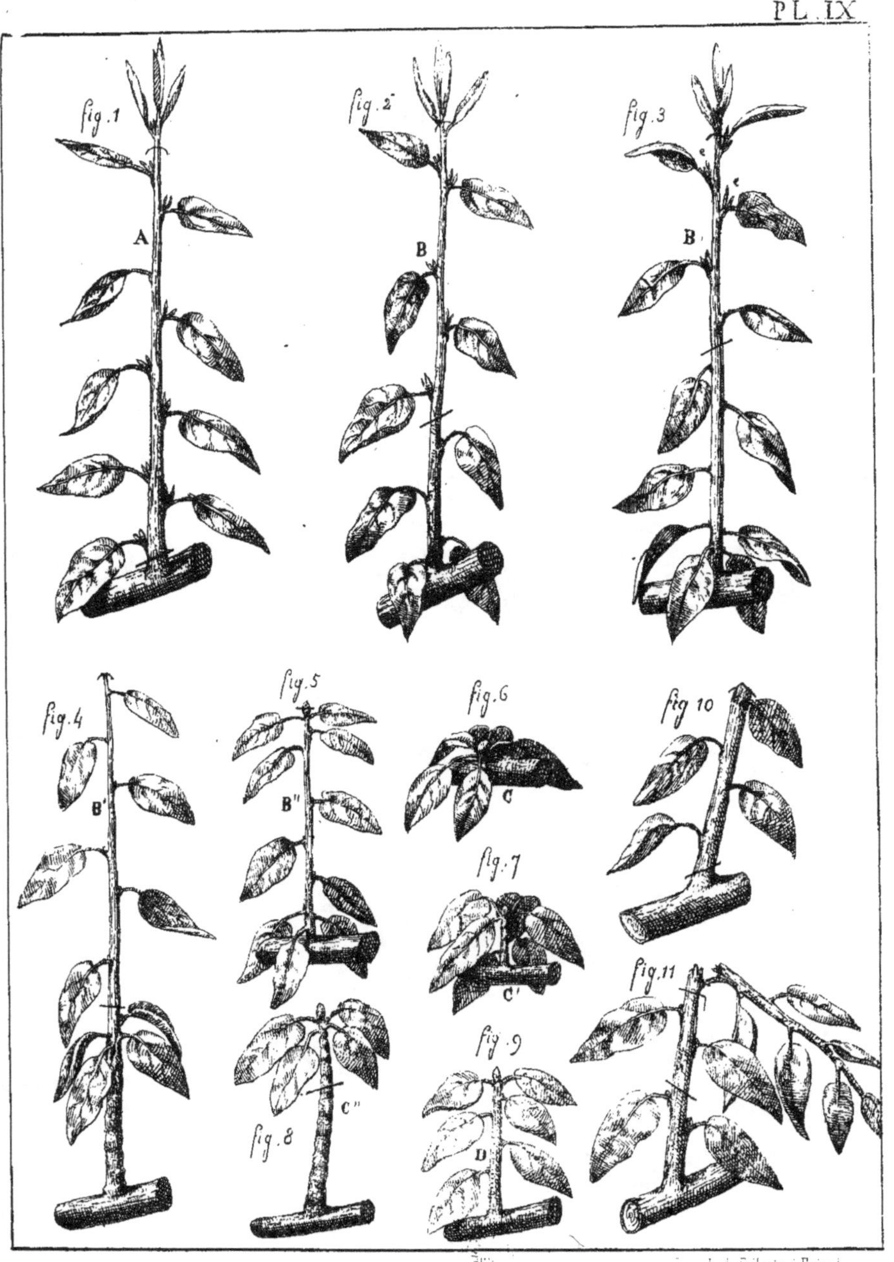

Imp. Lith. Pellerin à Epinal.

PL. X

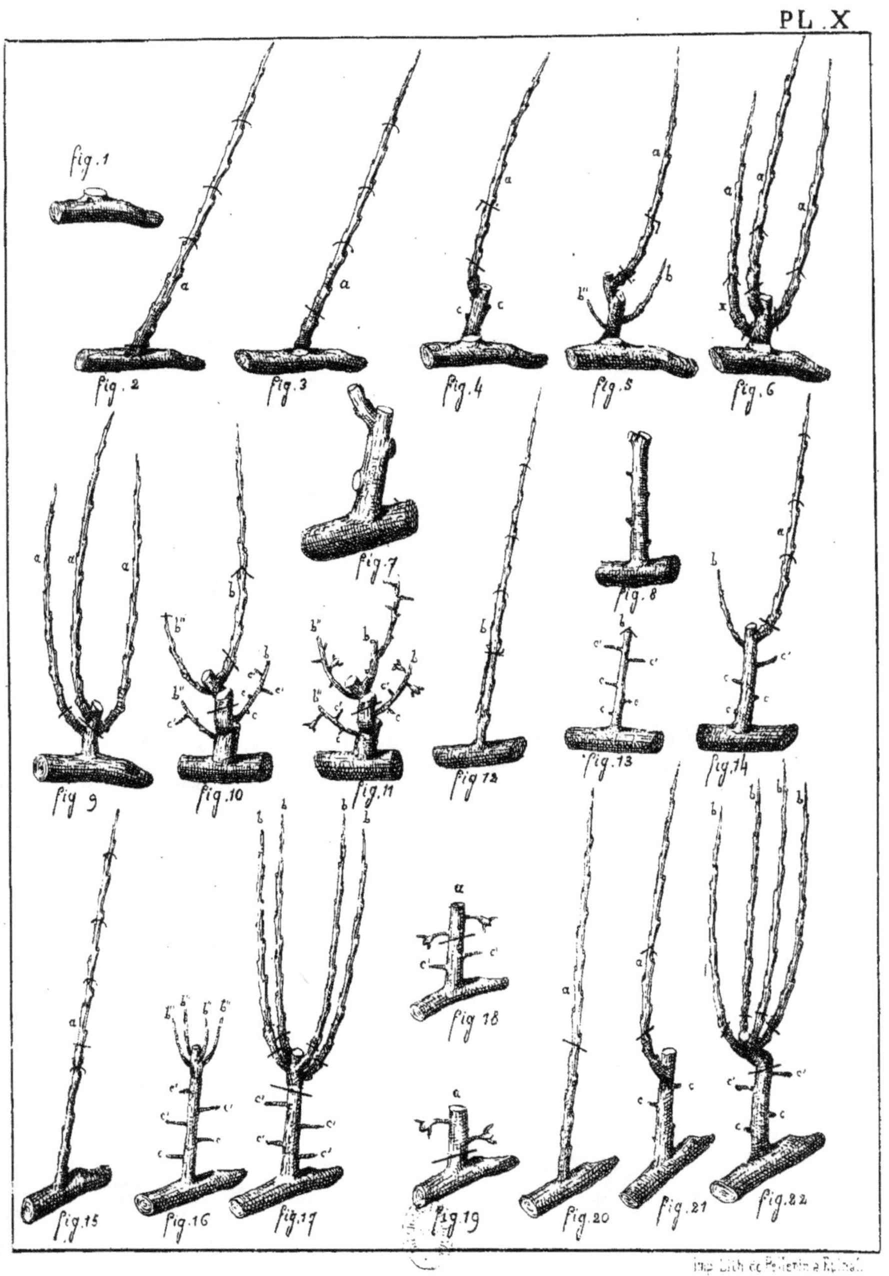

Imp. Lith. de Pellerin à Epinal.

PL. XI

fig. 1
fig. 2
fig. 3
fig. 4
fig. 5
fig. 6
fig. 7
fig. 8
fig. 9
fig. 10
fig. 11
fig. 12
fig. 13
fig. 14

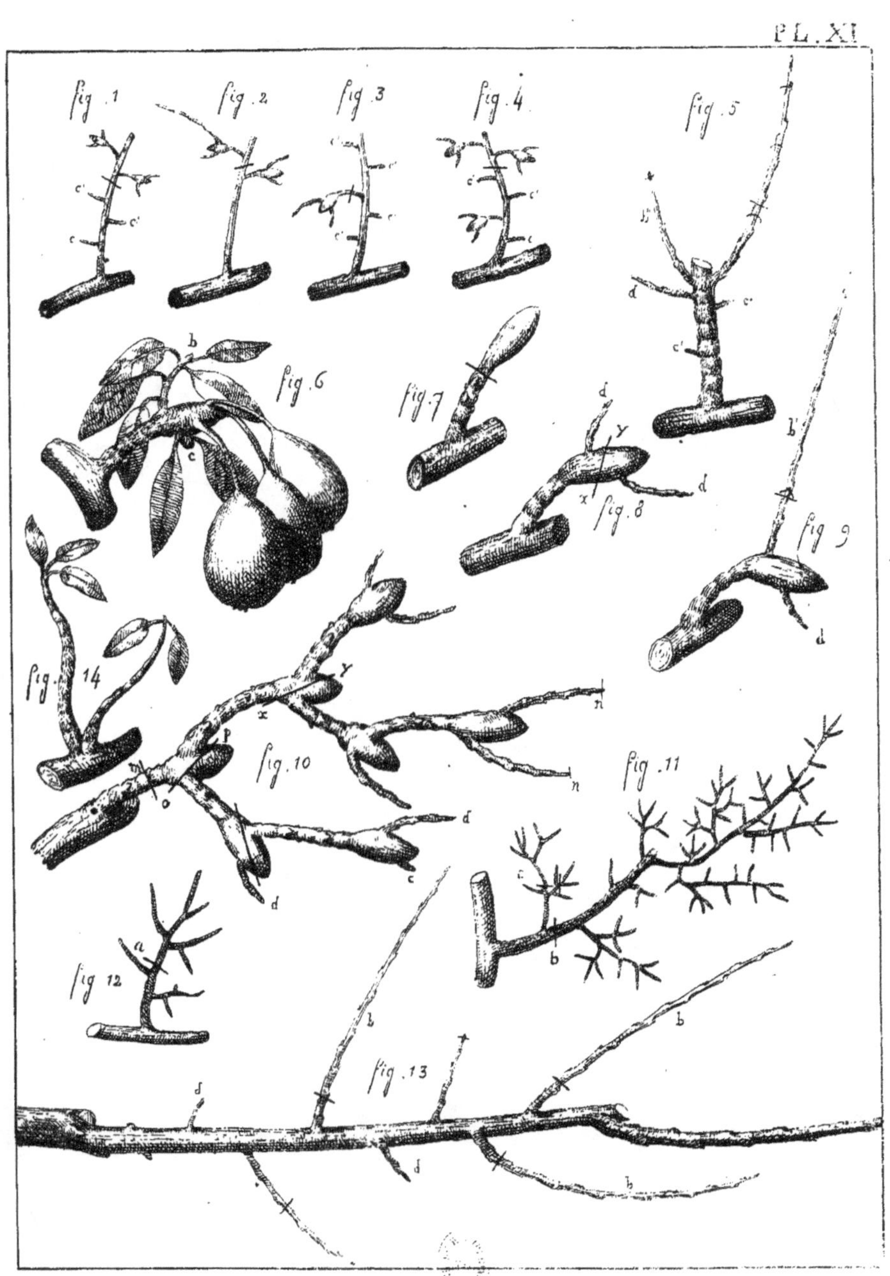

PL. XII

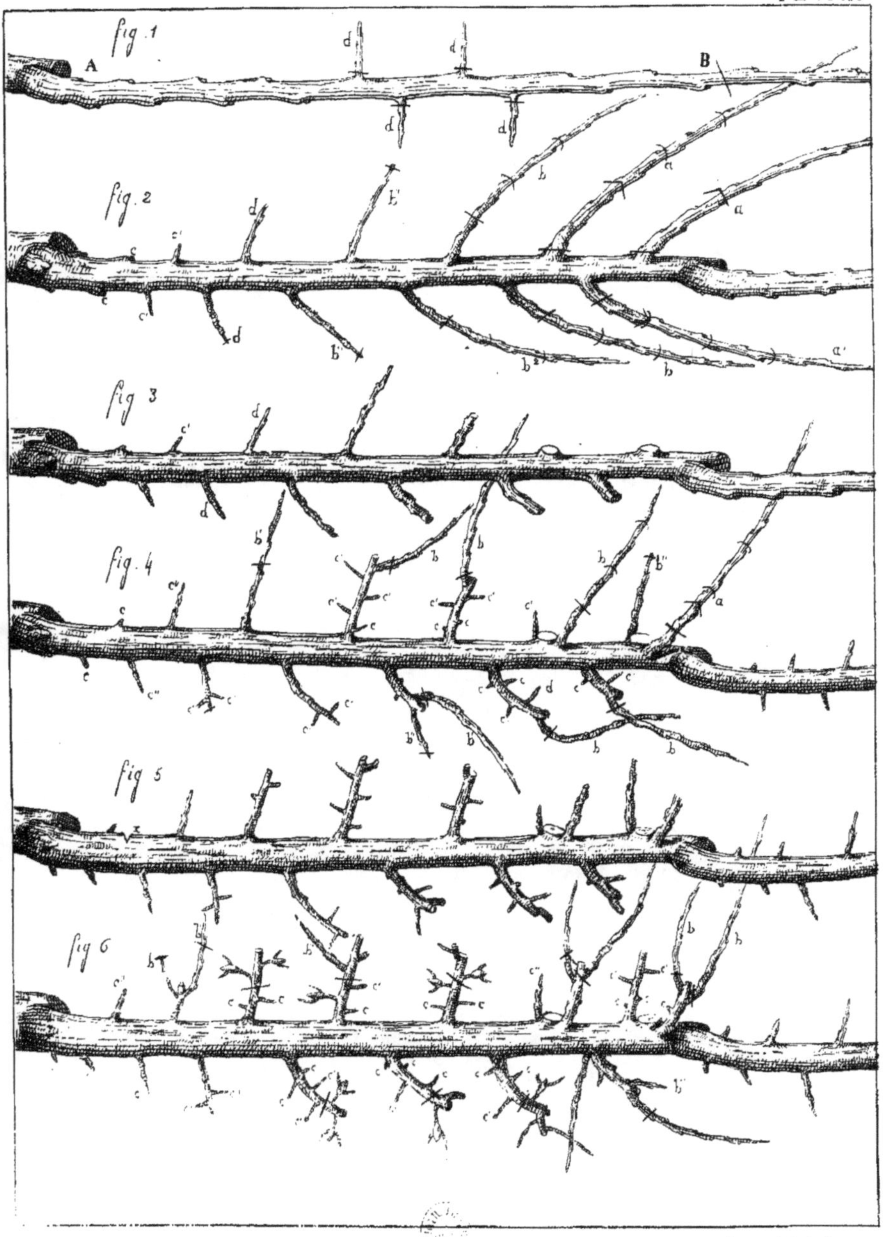

fig. 1

fig. 2

fig. 3

fig. 4

fig 5

fig 6

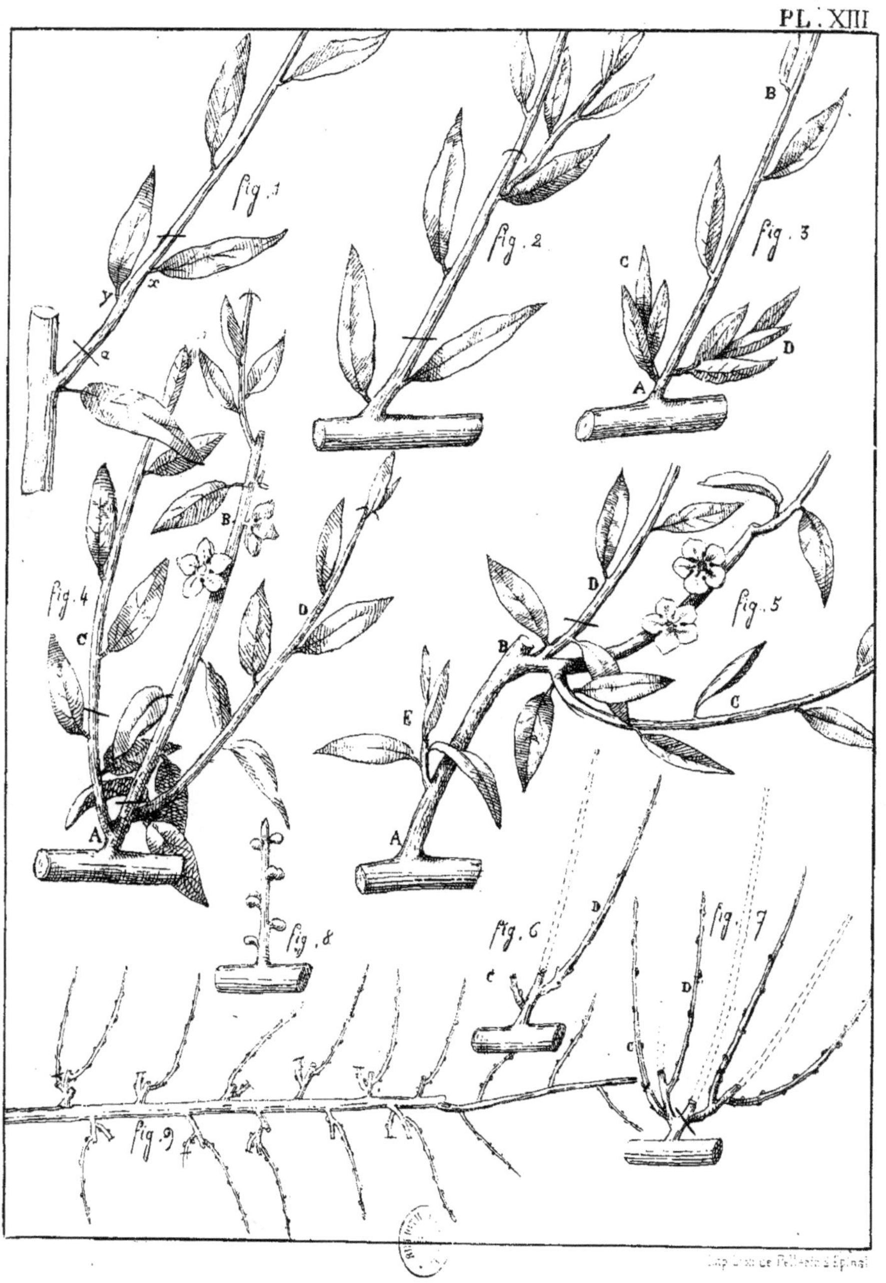

Imp. Lith. de Pellerin à Épinal

PL.XIV

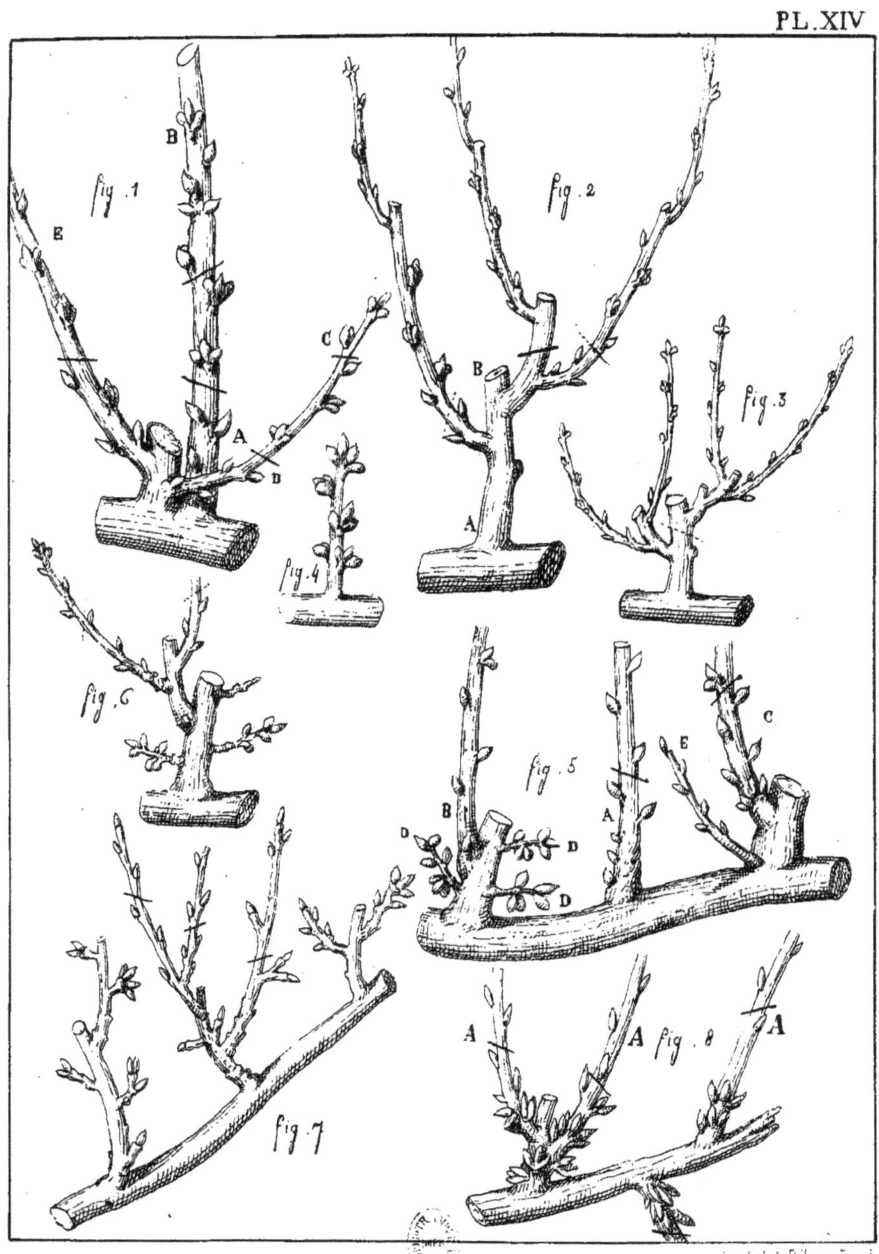

Imp. Lith de Pellerin à Epinal.

fig. 1

fig. 2

fig. 3

fig. 4

fig. 5

fig. 6

fig. 7

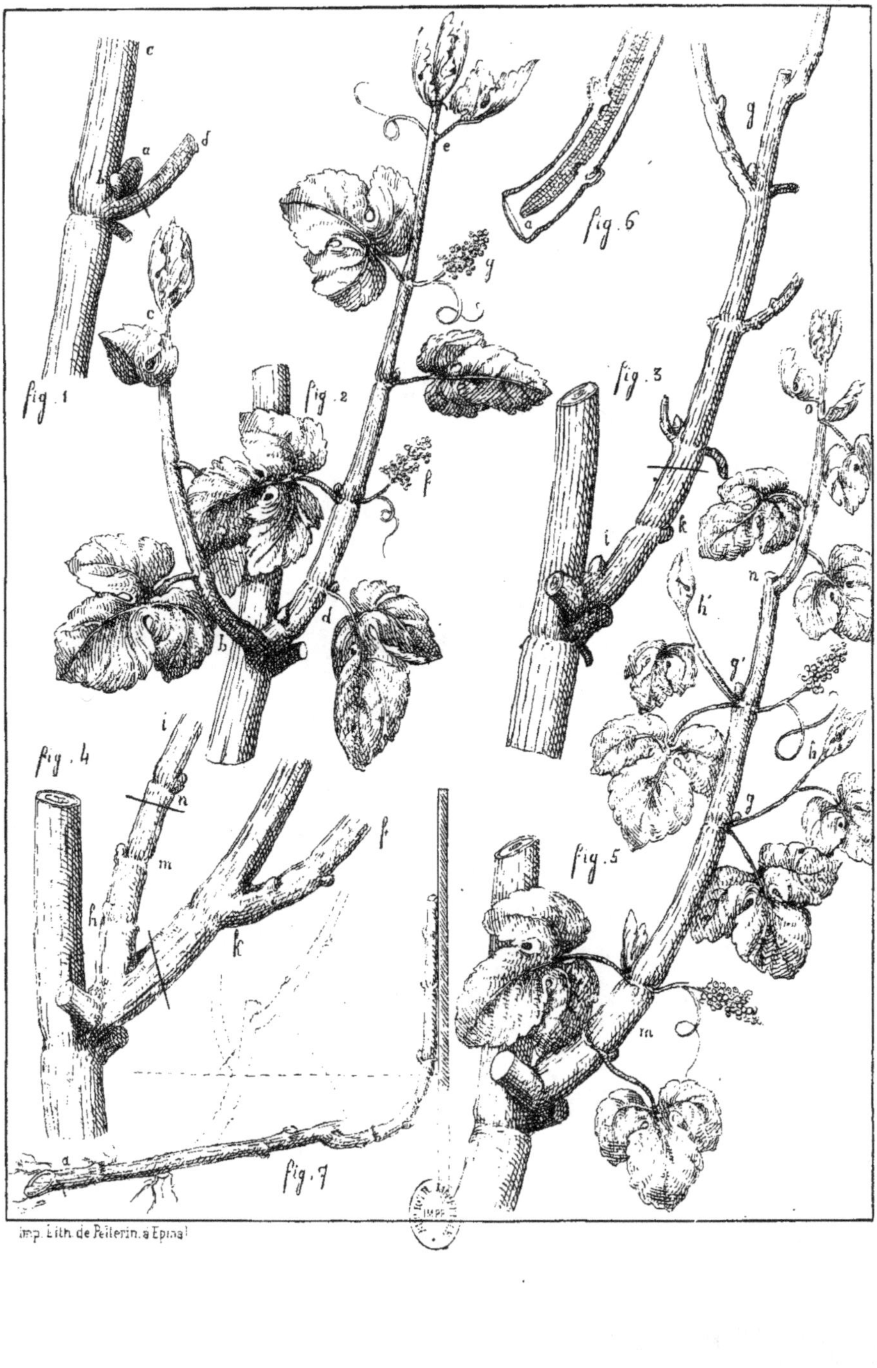

Imp. Lith. de Pellerin, à Epinal

www.ingramcontent.com/pod-product-compliance
Lightning Source LLC
LaVergne TN
LVHW012021160826
845678LV00002B/959
9782329665832